AF324910

# DE LA CAUSE

# DES INONDATIONS

## ET

## DU MOYEN DE LES PRÉVENIR

PAR M. AUGUSTE THOMÉ,

Ancien magistrat, membre des Sociétés d'Agriculture et de Statistique du
département de la Drôme, et maire d'Allex.

> Il serait à désirer qu'on rassemblât beaucoup
> d'observations..... on parviendrait peut-être à
> éclaircir cette matière, et à donner les règles
> certaines pour contenir et diriger les Fleuves,
> et prévenir la ruine des ponts et des levées et les
> autres dommages que cause la violente impétuo-
> sité des eaux.
>
> Buffon, *Preuves de la théorie de la
> terre, art. IX.*

VALENCE,

J. MARC AUREL, IMPRIMEUR-LIBRAIRE.

1846.

1848

# AVERTISSEMENT.

M. de Lafarelle avait soumis à la Chambre des Députés, au sujet des endiguements, une proposition qui fut discutée le 19 du mois de mars dernier.

Le Ministre des travaux publics prétendit que cette proposition ne faisait que reproduire certaines dispositions de la législation existante : il ajouta que l'administration comptait faire étudier la question et préparer prochainement un projet. M. de Lafarelle consentit alors à retirer le sien.

Frappé de cette circonstance, je compris qu'une loi rendue dans l'unique intention de consolider l'organisation incomplète de nos associations syndicales, et de coordonner leurs pouvoirs avec ceux de l'administration, ne suffirait plus aux besoins de notre époque. Il me sembla qu'il importerait avant tout de consacrer, par de nouvelles dispositions législatives, le principe d'un système d'ensemble et de solidarité dans l'accomplissement des travaux, afin de les rendre plus efficaces et de prévenir ainsi le plus fréquent retour des inondations.

Le Mémoire qui suit fut écrit dans le but d'indiquer la théorie la plus conforme à cette pensée.

Pergaud, 1<sup>er</sup> juillet 1846.

# DE LA CAUSE

# DES INONDATIONS

ET

## DU MOYEN DE LES PRÉVENIR.

---

## PRÉLIMINAIRE.

Le retour incessant de ces funestes inondations qui, depuis 1840, ont porté le trouble et la dévastation dans un si grand nombre de fertiles et populeuses contrées est devenu, pour les esprits réfléchis, un sujet de sérieuses préoccupations. A la faveur d'une sévère investigation des règles par lesquelles procède la nature, les plus actifs ont cherché, dans un nouvel aménagement de notre système forestier, une efficace barrière contre la fureur des eaux ; les seconds, interrogeant uniquement les règles de l'art, se sont bornés à accuser d'impuissance nos procédés actuels d'endigage, et à chercher de nouvelles garanties dans de nouvelles combinaisons de défense.

A coup sûr les uns et les autres nous fournissent par leurs ingénieuses théories d'utiles instructions ; mais, en leur rendant sous ce rapport toute la justice qui leur est due, nous ne saurions nous soustraire à la pensée qu'ils ont circonscrit la discussion dans de trop étroites limites, et que reculer devant un sérieux examen de l'influence exercée par l'autorité législative, sur cette importante question, ce ne serait soulever qu'à demi le voile dont se couvre encore la vérité. Les lois éternelles de la nature avaient assigné, dès le principe, d'immuables limites à l'action des cours d'eau, en mesurant à leur volume l'étendue des plages destinées à les contenir. Alors les plus terribles inondations s'écoulaient sur un sol qui leur semblait légitimement acquis, et que personne ne cherchait à leur disputer; mais, dès que l'activité des hommes eut détruit cette heureuse harmonie par une sorte d'usurpation commise sur les lits d'écoulement et sur les bassins de réception, qu'une sagesse providentielle adjoignit à leurs rives, les eaux trouvèrent dans cette contrainte inusitée le principe d'une force destructive qu'il devint souvent impossible de maîtriser. Aujourd'hui qu'une activité nouvelle pousse les nations vers de plus grandes entreprises que par le passé, aujourd'hui que l'agriculture, jalouse d'étendre en tout lieux son bienfaisant empire, travaille avec une ardeur peut-être inconsidérée à restreindre la largeur de tous les lits, en élevant outre mesure le niveau des eaux qu'ils contiennent, le mal semble devoir s'accroître dans une proportion dont il est impossible de calculer la portée. Aussi suis-je intimément convaincu que, loin d'inspirer à l'agriculture un surcroît de confiance et de lui proposer de nouvelles armes pour soutenir une lutte inégale, il importe plus que jamais de la sauver du danger qu'enfantent ses propres conquêtes en lui imposant l'obligation d'en suspendre ou tout au moins d'en limiter sagement le cours. L'autorité législative peut seule, il est vrai, accomplir une semblable mission en imposant un nouveau sacrifice au droit sacré de propriété ; mais, c'est en quelque sorte un devoir pour chaque citoyen de provoquer une intervention que d'immenses désastres rendent chaque jour plus indispensable, et puisque le désir qu'ont bien voulu m'exprimer quelques membres de la Société d'Agriculture rend ce devoir doublement impérieux pour moi, je m'efforcerai de l'accomplir en cherchant à prouver, avec toute la brièveté que comporte une simple notice, le mérite des propositions suivantes :

1° Le reboisement des montagnes ne saurait être le gage formel de la cessation des inondations.

2° Le système actuel des endiguements tend plutôt à accroître qu'à prévenir l'activité des débordements.

3° C'est dans une exacte appréciation du volume des eaux et dans une nouvelle restriction du droit de défense, qu'il faut chercher les éléments d'une sécurité plus entière.

4° Pour atteindre le but proposé, il faut appliquer, sur une base plus large, les principes législatifs qui sont déjà consacrés par la sagesse de nos lois, touchant la transmission et la réception des eaux dans les limites d'un étroit voisinage.

Ces quatre propositions vont être développées dans autant de paragraphes séparés.

# DISCUSSION.

## § I<sup>ER</sup>.

*Le reboisement des montagnes ne saurait être le gage*
*formel de la cessation des inondations.*

Soit que l'on cherche à approfondir une théorie ou
que l'on veuille apprécier un fait, ce n'est pas seulement
contre les idées inexactes que l'on doit se prémunir, il
importe aussi de se tenir en garde contre l'exagération
dans laquelle peuvent entraîner les plus saines pensées.
Sans contre dit, le déboisement des pentes qui servent
de délimitation aux bassins de nos grands cours d'eau,
doit contribuer avec quelque puissance à en accroître
l'élévation et l'impétuosité ; mais, ceux qui se préoccu-
pent presque uniquement de cette cause s'en exagèrent
très-certainement les effets. Qu'une végétation saine et
vigoureuse s'approprie une partie quelconque des eaux
pluviales lorsque, dans l'état normal de l'atmosphère,
elles succèdent aux beaux jours avec cette juste proportion qu'indiquent les besoins du sol, cela se conçoit :
Que dans le même cas cette végétation tende, par la
division qu'elle opère sur les eaux, à diminuer leur
primitif élan et à fournir par cela même à la terre les
éléments d'une absorption plus entière, cela se comprend
encore ; mais, très-évidemment, dans ces grands désastres, dont la nature nous offre de trop fréquents exem-

ples, lorsque sans aucun relâche les pluies torrentielles
se succèdent des jours et des nuits, sur un rayon capable
d'embrasser l'étendue de plusieurs provinces, et que
toutes les lois naturelles semblent bouleversées, celles
dont je viens de constater les effets reçoivent nécessairement aussi une fâcheuse atteinte. Alors la terre et les
plantes qui la couvrent, impuissantes à accomplir le
rôle qui leur était réservé, sont obligées de répudier une
eau dont elles ont d'abord été gorgées, et de lui laisser
librement gagner le bas des pentes et les vallées voisines
du lit qui l'appelle. Alors aussi l'invincible autorité des
faits démontre-t-elle que la garantie attribuée au boisement des pentes n'est pas le gage absolu d'une sécurité
qui doit ressortir plus efficace et plus saisissante du sein
même d'un autre ordre d'idées.

Dans un écrit aussi remarquable par la solidité de la
pensée que par l'élégance des formes, Monsieur Surell
proclame bien le boisement des pentes, comme le frein
le plus énergique que l'on puisse opposer à la fureur des
eaux : mais, uniquement occupé à décrire la manière
d'être de ces torrents, qui déchirent en tout sens les
régions supérieures du département des Hautes-Alpes,
il s'est borné à tracer les lois de repression applicables
aux désordres particuliers qui leur sont propres. Or,
parmi ces désordres, le plus funeste sans doute dérive
de la tendance qui les pousse à ensevelir les vallées inférieures sous ces immenses laves de pierre et de boue
qu'au moindre orage ils vomissent du sommet de leurs
rives. Il était donc naturel que Monsieur Surell prescrivît
de rendre à ces rives une salutaire cohésion, en les en-
tourant d'une succession de zônes de défense, en plantant

les berges vives et en construisant enfin des barrages en
fascines ; mais il faut bien remarquer que le principal,
que le véritable objet de ce système de défense presque
uniquement confié à l'action de la végétation, est d'*éteindre*
les torrents, en tarrissant la source de leurs déjections,
plutôt qu'en amoindrissant celle de leurs eaux. La pensée
de l'auteur est à cet égard d'autant moins douteuse, qu'il
ne craint pas d'affirmer que, sous un ciel et un climat
moins disposé que celui des Hautes-Alpes à favoriser l'impétuosité des orages, « *la destruction de forêts serait sans
influence sur la formation des torrents.* » Au reste, si
nous puisons aux sources de l'histoire ces enseignements
matériels qui confirment ou renversent les plus séduisantes théories, nous y trouverons infailliblement la justification de celle-là, et nous serons ainsi doublement
autorisés à conclure que, sans égard pour l'existence ou
la destruction des forêts, les eaux ont toujours, quoique
à des époques irrégulièrement distancées, exercé leur
action avec ce degré de violence qui est peut-être aussi
appelé à accomplir une impénétrable mission dans l'ordre général de la nature.

A ce propos, je ferai remarquer que si la France,
privée de bois, fut en 1812, en 1834 et plus tard en
1840, ravagée dans presque toute son étendue par la
plupart de ses fleuves et de leur affluents, d'un autre
côté et à une époque à laquelle elle était encore couverte
des forêts séculaires qui avaient ombragé le sol de la
Gaule, Philippe-Auguste fuyant devant les eaux de la
Seine, était forcé d'abandonner son palais de la cité
pour se réfugier à l'abbaye de Sainte-Geneviève. Qu'en
1571 le Rhône débordé couvrait de ses eaux le faubourg

de la Guillotière. Qu'en 1608 la Loire portait partout sur ses bords l'effroi et la dévastation ; et qu'en 1647 enfin, on promenait encore en bateau dans les rues de la capitale.

Il me serait facile de multiplier les citations qui prouvent, comme celles-là, que l'existence des bois ne préserva pas nos pères d'un fléau auquel on s'efforce en vain d'attribuer une trop récente origine. Aussi, il est infiniment probable que si l'ombrage tutélaire des forêts venait spontanément couronner de verdure les cimes chauves et ridées qui dominent nos plaines, nous ne cesserions pas pour cela d'être frappés de ces coups funestes dont ils furent eux-mêmes si fréquemment atteints. Mais, l'Oder qui traverse les pays couverts de la Silésie, l'Elbe dont les sources naissent au sein même des forêts les plus épaisses de la Bohême, le Rhin qui coule entre les montagnes boisées des Vosges et les sombres retraites de la Forêt-Noire, le Necker enfin qui, par un prompt détour, vient mêler ses eaux à celui de ce fleuve près d'Eberbach, n'ont-ils pas offert, à toutes les époques et particulièrement cette année même, de nombreux exemples de ces débordements dont les travaux les plus énergiques sont impuissants à maîtriser les efforts?

Je n'ai pas l'intention de me livrer à une énumération particulière des faits confirmatifs de ce que je viens d'affirmer d'une manière plus générale. Je ne puis cependant résister au désir de constater, qu'au mois de mars de l'année dernière, l'Elbe atteignit, dans la partie supérieure de son cours, une élévation telle, qu'à Wegstadt il avait envahi jusqu'au troisième étage des maisons, du haut desquelles les habitants passaient dans les barques

accourues à leur aide, et que cette année il a occasionné
d'immenses désastres dans sa partie inférieure, en ren-
versant à Hambourg les quais, les habitations voisines
et jusqu'à l'hôtel de la douane, qui était cependant situé
à quelque distance de ses rives. Au reste, les feuilles
allemandes ont, à cette époque, rapporté une série
d'inondations et de débordements qui prouvent à quel
point l'émotion des rivières était alors générale en ce
pays auquel on ne pourrait sans injustice reprocher
d'être trop déboisé. Quant au Rhin, ses débordements
sont si fréquents et si redoutables, qu'en vertu d'une
législation exceptionnelle la dépense des travaux destinés à les prévenir, dut entièrement être mise à la charge
de l'état. On conçoit que dès-lors rien ne fut épargné
pour assurer l'éfficacité d'un système préventif, dont les
projets et l'exécution furent confiés aux ingénieurs du
mérite le plus distingué. Un million tout entier fut parfois
consacré à la défense d'une seule anse. De simples épe-
rons coutèrent jusqu'à 60 et même 80 mille francs, et
cependant, tous ces ouvrages aussi dispendieusement
édifiés disparurent le plus souvent à la suite du premier
effort de ce fleuve, qui semble plus particulièrement des-
tiné à fournir la preuve de l'impuissante action des bois
dont ses rives sont entourées.

Dans une direction diamétralement opposée à celle
que parcourent les cours d'eau dont je viens de parler,
plus que tout autre peut-être, le Danube, dont les sources
naissent dans le versant oriental de la Forêt-Noire, et
dont les eaux s'écoulent long-temps encore à travers les
bois épais du Wurtemberg, devrait être exempt de ces
variations subites qui forment le caractère distinctif de

nos propres rivières, et cependant ces variations, il les éprouve au même degré de spontanéité et d'énergie ; car, en 1812, époque à laquelle la France dénudée avait chaque jour à déplorer de nouveaux débordements, un corps de deux mille turcs stationné dans l'une des îles de ce fleuve fut englouti par la rapidité de son cours, auquel la fuite la plus prompte ne parvint point à le soustraire.

C'est à dessein que j'ai emprunté aux régions septentrionales les enseignements qui ressortent des faits précédents. Dans ces régions les agents météoriques ont moins d'intensité que dans les pays chauds, l'évaporation est moins forte, et, par une de ces conséquences qui dérivent de l'admirable harmonie des lois naturelles, les pluies y sont aussi moins abondantes. Or, si dans une condition atmosphérique qui commande en quelque sorte le calme aux orages, les bois sont impuissants à tarir la source des inondations, comment pourrions-nous raisonnablement attendre de leur résurrection cet effet protecteur dans les contrées méridionales, où les montagnes sont infiniment plus hautes et plus abruptes, où les pentes sont plus fréquemment brisées et plus vivement excitantes, où les orages grondent avec une plus imposante fureur, et où les pluies empruntent à celles des Tropiques toute l'impétuosité et toute la violence qu'imprime à ces dernières la nature du climat auquel elles appartiennent.

Je n'étendrai pas outre mesure cette simple notice. Je sais qu'elle ne peut embrasser dans ses étroites limites le champ réservé aux discussions scientifiques. Qu'il me soit seulement permis de constater, que si les géologues

disputent encore sur les faits qui ont présidé à la formation des montagnes, ils s'accordent tous à ranger au nombre de ce qu'ils sont convenus d'appeler « *causes lentes* »
l'action qui a imprimé à ces montagnes et aux vallées
elles-mêmes le cachet particulier qui distingue leur phy-
sionomie actuelle, et à considérer les eaux comme l'unique agent auquel il faut attribuer cette action. Eh bien,
si la vérité de cette théorie géologique est suffisamment
démontrée, l'éternelle existence de l'impétuosité que l'on
reproche si tardivement aux eaux, l'est également......
Il suffit au reste de jeter un coup-d'œil sur la surface du
globe pour acquérir à ce sujet une irrévocable conviction.
Partout on voit des montagnes dont les cimes abaissées
ont été long-temps déprimées par les pluies. Partout on
rencontre des vallées profondes autrefois, à demi com-
blées aujourd'hui par les débris que ces pluies transmi-
rent, dans tous les âges, à la violente impétuosité des
torrents qu'elles alimentent. Encore ces effets ne sont-ils
pas ceux qui témoignent le plus énergiquement de l'activité et de la puissance des eaux ; car si nous embrassons
du regard une plus vaste étendue, nous retrouvons
invariablement vers les embouchures de tous les grands
fleuves d'immenses amas de déjections qui proviennent
des érosions pratiquées vers les sources et qui attestent,
par leur étendue, que des siècles entiers suffisent à peine
pour réunir toutes les matières constitutives de leur volume actuel. Le Rhône, le Rhin et le Danube, pour
ne parler que des plus rapprochés de nos contrées, ne
parviennent plus à la mer qu'en se frayant un difficile
passage au travers de ces débris amoncelés ; et cet effet
des cours d'eau est tel, que si nous croyons à d'impo-

santes assertions, les provinces entières qui entourent les embouchures du fleuve Jaune, du Mississipi et du Nil, ne sont formées que des couches limoneuses successivement amoncelées par ces fleuves, sur une incroyable épaisseur de quinze mètres au moins.

Au lieu donc de chercher à expliquer les inondations et leurs effets désastreux par la destruction des bois, que l'on serait obligé, contrairement à la vérité, d'imputer à tous les âges comme à tous les pays, n'est-il pas plus naturel et plus simple de reconnaître que ces émotions, que l'on reproche si énergiquement aux cours d'eau, sont l'une des conditions de leur existence. Que rien dans la nature, et moins encore dans les efforts des hommes, ne saurait en prévenir le retour, et que de tous les partis à prendre le plus sage est de respecter, dans une certaine mesure, les bassins de réception qui furent destinés à tempérer la violence de leur écoulement? Dans un monde où tout s'enchaîne par d'invisibles liens, la nature paraît aussi céder parfois à des accès d'égarement et de fureur que rien ne saurait calmer; alors ce ne sont pas seulement les torrents et les fleuves débordés qui obéissent à des lois en apparence anormales, on voit également les mers franchir leurs rives et engloutir en un instant d'immenses contrées sous leurs eaux. C'est ainsi qu'à une époque antérieure aux temps historiques l'Océan brisant le rocher de Gibraltar forma cette mer Méditerranée, dont la longueur s'étend sur 43 degrés de longitude, et correspond par conséquent à peu près à la 8me partie de la circonférence du globe. C'est ainsi encore qu'en 1400 la mer du Nord força le passage du Texel; qu'en 1424 elle déchira les côtes de Gertrudemberg, engloutit soixante et dix villages, des milliers d'hommes et d'animaux, et substitua le Zuydersée à l'ancien lac de Féléau ; qu'en 1530 enfin elle détruisit encore plus de 400 villages, et forma par la réunion de divers lacs la mer actuelle de Harlem.

Qui saurait dire si ces terribles événements sont une contradiction ou une conséquence des lois qui président aux destinées du globe que nous habitons ! Ils prouvent au moins l'existence de cette volonté suprême qui les souffre ou qui les ordonne, et nous instruisent à remonter à la même origine pour expliquer, par rapport aux fleuves et aux torrents, des faits qui ont avec eux le caractère d'une si grande analogie. Je ne crains donc pas de le redire une dernière fois, puisque tant d'imposantes vérités tendent à justifier mon opinion. Cette clameur publique, qui signale le reboisement envisagé au point de vue défensif comme le principe et la fin de toute sécurité, n'est que l'expression d'une demi-vérité. Elle n'est que le premier terme d'une proposition dont il importe plus que jamais de dévoiler l'inconnu.

# § II.

*Le système actuel des endiguements tend plutôt à accroître qu'à prévenir l'activité des débordements.*

Les promoteurs des divers systèmes d'endigage ont parfaitement compris l'insuffisance du boisement des montagnes ; mais ils se sont très-évidemment trompés lorsque, convaincus de l'inefficacité des agents naturels comme moyen répressif des inondations, ils ont cru trouver la solution du problème dans un principe coercitif, emprunté aux règles de leur art et arbitrairement opposé à la violence des cours d'eau.

Pour être efficace, l'action d'une force répressive doit nécessairement être mesurée au degré de la puissance à laquelle on prétend l'opposer. La moindre erreur commise à ce sujet peut devenir la source d'une longue série de déceptions, en préparant l'éternelle destruction de l'agent de répression. Or, notre système actuel d'endigage a pour inévitable effet d'accroître la puissance agressive des eaux dans une proportion supérieure à la force de résistance dont il est lui-même la représentation.

Au premier abord cette affirmation paraît être l'expression d'un paradoxe. Une briève appréciation des phénomènes qui précèdent, et qui suivent la confection des endiguements, suffira pour lui faire acquérir l'autorité d'une incontestable vérité.

Dans un état voisin de la nature, lorsque au bas des pentes ou au sein des vallées supérieures au lit des torrents et des rivières, les eaux pluviales, violemment déchaînées, sont abandonnées aux capricieux détours de leur pente naturelle, chaque agglomération, suivant l'inclinaison du terrain qui s'offre devant elle prend une direction particulière et souvent opposée à celle vers laquelle s'écoule l'agglomération voisine; de sorte que, mille fois divisées avant de toucher au cours général qui semble les attendre, elles s'épuisent par des pertes sans cesse renouvelées, et finissent par se perdre entièrement dans les bas-fonds qui bordent leurs cours. Si, par l'effet d'une supposition contraire à celle-là, quelques-unes de ces agglomérations parvient à se créer un lit commun, elles ne tardent pas à retouver, dans la simultanéité de leurs efforts et dans l'abondance des pluies, assez d'énergie pour rompre ou franchir de nouveau leurs berges. Alors elles s'unissent une seconde fois aux pentes qui s'offrent à elle sur mille points des rives qu'elles fuyent, se divisent, se fractionnent encore et disparaissent enfin sans jamais atteindre le cours principal qu'elles ne peuvent par conséquent grossir. Sans doute quelques-unes d'elles parviennent bien à occasionner ainsi de partielles inondations ; mais ces inondations, puisant leur alimentation dans un petit volume d'eau, s'opèrent sans violence, n'occasionnent aucun désastre, et disparaissent bientôt sous l'action doublement absorbante du sol et de l'atmosphère. Ce qui arrive ainsi vers les sources se reproduit invariablement dans les parties intermédiaires et, pour mieux dire, sur toute la longueur des cours d'eau, de sorte qu'en un pareil état, l'embouchure des rivières n'est jamais surchargée de ces masses liquides qui se sont insensiblement dispersées sur les rives de leurs affluents, et que les plaines fertilisées par leurs cours n'ont rien à redouter des coups funestes dont l'Europe fut de nos jours si fréquemment atteinte.

Dans l'état de nature auquel je fais allusion, une autre circonstance contribue encore avec plus d'énergie peut-être à prévenir l'élévation des cours d'eau. Il existe généralement sur leurs bords, et particulièrement sur les rives de ceux qui participent d'une nature torrentielle, un nombre considérable de bassins de réception ou déversoirs latéraux, destinés à leur servir d'issue au moment, où grossis par les tempêtes, ils commencent à rouler leurs flots avec une menaçante impétuosité. Plus le lit principal s'élève, plus les déversoirs lui offrent d'étendue. Ce n'est que lorsque l'orage a cessé de gronder que chacun de ces nombreux réceptacles restitue, successivement et sans violence, l'eau qu'il avait reçue et dont il avait déchargé le lit principal, au moment même où il n'aurait plus eu la capacité suffisante pour la contenir.

Que l'on réfléchisse attentivement aux règles qui président à la formation des cours d'eau, on verra les phénomènes que je viens de décrire se reproduire invariablement partout où la main de l'homme laisse un libre champ aux efforts de la nature; mais dès qu'un pays se peuple et se civilise, dès que l'agriculture, cette science qui conduit à toutes les autres, pour leur emprunter ensuite d'utiles instructions, s'empare d'un sol et l'approprie à son régime; elle imprime aux eaux de nouvelles conditions d'existence, marque les directions qu'elles doivent suivre, barre les déversoirs latéraux qui ralentissaient leur fuite, et, cherchant à poser des limites à leur commun empire, élève successivement les cours principaux en rétrécissant la largeur des lits qu'ils occupent, et en multipliant le nombre et le volume des affluents qui les grossissent.

Si cette action de l'agriculture s'exerçait avec une régulière continuité de l'amont à l'aval, à partir des sources, elle serait sans doute de nature à produire d'heureux effets, parce que le volume des eaux étant tout réuni et très-exactement connu vers chacun des points sur lesquels il s'agirait de construire de nouveaux travaux de défense, il serait facile de donner à ceux-ci toute la force et toute l'élévation qu'exigerait leur sécurité. Mais il n'en est pas ainsi : plus séduisantes par la facilité avec laquelle elles se prêtent aux procédés de la grande culture, et par l'apparat qu'offre leur fertilité à de légitimes espérances, les plaines rapprochées de l'embouchure des cours d'eau sont celles vers lesquelles se groupent d'abord les populations. Ce sont celles, par conséquent aussi, où l'agriculture marque ses premières conquêtes, en opposant aux eaux les premiers travaux de défense. Dans un état de civilisation déjà très-avancé, les choses se passent encore ainsi, parce que la richesse du sol entraîne après elle celle de l'industrie, et que ce double concours de prospérité pénètre lentement dans les vallées froides et rétrécies qui avoisinent les sources. La corrélation qui existe invariablement entre l'avancement des travaux défensifs et les conditions de prospérité des contrées exposées aux ravages des eaux, donne aussi naissance à une circonstance qu'il importe extrêmement de retenir. Partout où la pauvreté du sol et de la population forment un sérieux obstacle au recouvrement des dépenses, on remarque une solution de continuité dans l'ensemble des travaux. Partout où une nouvelle source de richesse se manifeste on les voit aussitôt reparaître, pour ne cesser encore qu'en face d'un nouvel appauvrissement. De sorte qu'envisagés sur une vaste échelle, ils offrent en définitive la forme bizarre d'un reptile, dont une aveugle mutilation aurait irrégulièrement dispersé les tronçons.

Deux faits essentiels constituent donc la base de notre système d'endigage :

1° L'avancement en arrière des travaux défensifs ;
2° La solution de continuité arbitrairement admise entre eux.

Eh bien ! ce sont les conséquences de ces deux faits qui vont servir de justification à mon opinion, en établissant que le caractère d'un pareil système ne repose en réalité que sur un fâcheux alliage de faiblesse et de provocation.

Dans l'avancement en arrière on règle bien, vers le point de départ, la largeur du lit et la hauteur des défenses, eu égard au volume des plus grandes eaux qui avaient coutume d'y parvenir, avant le commencement des travaux ; mais à mesure qu'on prolonge ces travaux en amont on supprime, en resserrant les eaux dans une étroite canalisation, la plus grande partie de l'espace qu'elles occupaient auparavant. Dès-lors, forcé de se replier sur lui-même leur volume entier, n'ayant plus à suivre qu'un même parcours pour atteindre le point vers lequel il parvenait auparavant en suivant des pentes et des longueurs inégales, il arrive qu'une marche uniforme le porte chaque jour avec une plus effrayante spontanéité sur les points les plus anciennement indiqués, et qu'il franchissait autrefois d'une manière successive. Cette première conséquence de l'avancement des travaux rétroactifs est facile à saisir. En provoquant sur les eaux, par le retrécissement du lit, un exhaussement dont il est impossible de calculer la portée, elle fausse tous les calculs qui avaient servi à régler l'élévation des travaux inférieurs.... Elle réserve à ces derniers une ruine inévitable. Mais ce n'est pas tout : à mesure que la canalisation remonte vers les sources du cours principal et des mille ramifications qui l'alimentent, elle recueille toutes les eaux qui répudient l'agriculture et l'industrie, ainsi que ces agglomérations nombreuses que j'ai représentées comme condamnées, dans l'état de nature, à errer éternellement sur les anciennes rives. Cette seconde conséquence des travaux rétroactifs est encore plus facile à comprendre. En doublant, par l'accroissement de leur volume, la hauteur déjà imprimée aux eaux par le retrécissement de leur lit, elle ajoute un nouveau degré à ce caractère de provocation qui rend déjà inévitable la submersion des travaux inférieurs.

Les solutions de continuité arbitrairement admises entre les défenses seront-elles au moins de nature à atténuer la gravité d'un pareil danger? Je suis loin de le penser. Partout où il s'en manifeste une, l'eau perd, sur la nouvelle étendue dont elle s'empare, l'excessive rapidité qu'elle avait acquise dans un lit plus étroit. Dès-lors privée de la force d'impulsion à la faveur de laquelle elle entraînait l'inévitable produit de ses érosions, elle les étale sous la forme d'un énorme éventail, les recouvre de couches régulièrement superposées, les accroît encore et finit par se créer un lit qui, à partir de ce point culminant, affecte, en remontant vers l'amont, la forme d'un arc de cercle dont la partie concave regarderait le ciel. L'accomplissement des lois qui déterminent d'abord la formation d'une courbe aussi singulièrement disposée, président ensuite à sa conservation. Par l'effet d'une action et d'une réaction successives, le fond de cette courbe se remplit lorsque la masse des déjections répandues en forme d'éventail forme devant elle un barrage trop élevé, et ce barrage s'élève à son tour de nouveau lorsque la partie concave comprise dans la canalisation se trouve suffisamment remblayée.

L'élévation graduelle du plafond du lit et les nouvelles chances de submersion qui l'accompagnent, deviennent donc l'inévitable conséquence de cette déplorable alternative, produite par la solution de continuité arbitrairement admise dans l'avancement des travaux.

Toute cette théorie, sur le comblement des lits et sur l'accroissement du volume des eaux attribués à la marche rétroactive et discontinue des travaux défensifs, trouve d'ailleurs sa justification dans les faits qui s'accomplissent seulement sous nos yeux. Je vais le prouver par des exemples.

Il existe au bas de la commune d'Allex un canal qui fut établi au 15$^{me}$ siècle pour le service des moulins de celle de Livron. Ce canal coule au quartier de Charavelle, entre un rocher qui est aussi désigné sous ce nom et d'immenses graviers abandonnés aux dévagations de la rivière. Le lit de cette dernière était autrefois moins élevé que celui du canal. La différence n'était pas, il est vrai, de plus d'un mètre : mais si l'on croit aux souvenirs les plus reculés de la génération actuelle, elle se maintint invariablement jusque vers les années 1824 ou 1825. Cette époque est celle vers laquelle fut achevée la belle canalisation qui n'a pas coûté moins d'un million

aux syndicats de Grâne et d'Allex, et qui s'arrête pré-
cisément à cinq cent mètres environ en amont du point
dont je viens de parler. A peine était-elle terminée, que
l'accumulation des graviers chassés devant elle imprimait
à l'état des lieux des changements que le temps devait
accroître encore; de sorte qu'à présent c'est le lit de la
rivière qui domine à son tour celui du canal, dont la
submersion est en quelque sorte permanente, et auquel
il est permis de prédire une très-prochaine destruction.

Un pareil résultat n'était pas impossible à prévoir,
mais il était permis de croire aussi que le lit canalisé
s'abaisserait dans la proportion du volume des déblais
que la violence des eaux devait successivement opérer dans
son sein. M. Chabord, ingénieur en chef, chargé de la
haute direction des travaux, partageait cette conviction
avec une foule de bons esprits. Aussi disait-il à l'entre-
preneur, en lui montrant du bout de sa canne le couron-
nement des digues nouvellement édifiées : « *Dans dix ans*
» *je vous ferai employer à des prolongements un mètre*
» *de ces mêmes matériaux que nous pourrons alors im-*
» *punément soustraire à la hauteur qu'il est indispen-*
» *sable d'atteindre aujourd'hui.* »

Eh bien! quinze ans après, loin que l'on put effectuer
sur ces digues le moindre abaissement, on a été obligé
de les élever en moyenne de cinquante centimètres pour
restituer au canal d'écoulement la capacité que lui avait
fait perdre l'élévation successive de son lit.

En ce qui touche la croissance du volume des eaux, je
lis dans un Mémoire, adressé le 11 mai 1843 à M. le
Préfet de la Drôme par l'ingénieur en chef Picot : « Les

» observations que nous avons été conduit à faire au
» pont de Livron, par suite des avaries que lui a causé
» la crue de la Drôme du 27 septembre dernier, prou-
» vent clairement un accroissement énorme de l'inten-
» sité des crues de cette rivière depuis 1789, époque à
» laquelle fut construit le pont. » Je n'ajouterai aucun
commentaire à des paroles aussi significatives que celles-
là : je dirai cependant que vers le pont neuf de Crest, les
faits observés avec la plus grande précision par le même
ingénieur ont aussi démontré que les crues de la Drôme
furent, en 1842, beaucoup plus fréquentes que ne le
comportait le régime précédent de la rivière, et qu'elles
acquièrent chaque année une plus considérable intumescence ; de sorte que leur plus grande hauteur au
dessus de l'étiage fut successivement :

En 1839, de 3 mètres 24 centimètre ;
En 1840, de 3 — 32 —
En 1841, de 3 — 59 —
En 1842, de 4 — 08 —

Dans une période d'un aussi petit nombre d'années,
les bois du bassin au travers duquel s'écoule la Drôme
n'ont évidemment subi aucune sensible dégradation. Vers
le même temps, au contraire, plusieurs digues furent
construites entre les vallées de Luc et de Saillans, et ce
fait, le seul qui se soit récemment accompli dans les conditions d'existence imposées à la rivière, est le seul aussi
auquel on puisse raisonnablement attribuer l'intumescence dont je viens de rendre compte. Il n'est d'ailleurs
pas une seule rivière soumise à l'application des endiguements rétrogrades et discontinus dont les rives n'accu-

sent, comme celles de la Drôme, l'existence d'une mystérieuse proportion entre l'avancement de ces sortes de travaux et l'exhaussement successif des eaux. Les efforts tentés par les hommes les plus avancés dans la science des endiguements, dans le but d'attribuer aux défenses submersibles une prééminence sur les autres n'est en réalité qu'un aveu tacite de cette vérité. Ce fut le désespoir de parvenir jamais à l'exacte connaissance de la hauteur progressive imprimée aux eaux, par leurs propres œuvres, qui les les conduisit à n'ambitionner plus qu'une sorte de demi-triomphe, en présence des plus violentes inondations. Quels que soient les services momentanés que cette idée ait pu rendre à la navigation fluviale, qui me semble presque uniquement appelée à en recueillir le bénéfice, je la crois trop contraire aux intérêts de l'agriculture pour lui vouer ici le témoignage d'une entière sympathie. Je me borne donc à en constater l'existence, comme une confimation de ma propre théorie.

Cette confirmation, je la retrouve d'ailleurs encore dans l'opinion émise par l'un des membres les plus distingués de la Société d'Agriculture du département de la Drôme. Convaincu comme moi de l'insuffisance des travaux submersibles, envisagés au point de vue de la défense agricole, l'honorable M. Thannaron proposait naguère d'apporter à ce système une modification dont il eut occasion d'apprécier les salutaires effets sur les rives de la Véore, après en avoir puisé le principe dans les observations que ses voyages aux Etats-Unis lui fournirent l'occasion de faire. Or, cette modification qui consiste à échelonner des digues les unes derrière les autres, de telle sorte que la plus reculée soit seule insubmersible et que la rivière puisse divaguer entre elles, n'est-elle pas tout à la fois une nouvelle reconnaissance de cette élévation successive que j'impute aux cours d'eau, et des difficultés que présente la graduation de l'échelle destinée à indiquer l'exacte progression qui caractérise cette élévation?

En m'emparant des aveux que je viens de constater, je n'en déplore pas moins l'erreur commise par leurs auteurs, lorsqu'ils voulurent indiquer un remède au mal dont ils avaient si judicieusement apprécié la nature. Aussi, après avoir repoussé le sytème des digues submersibles comme contraire aux intérêts de l'agriculture, je dois dire que celui des digues échelonnées ne me semble applicable que dans un pays dans lequel la propriété est nouvellement constituée, et où la culture n'a pas encore été portée sur les points les plus exposés aux ravages des eaux.

En pareil cas on conçoit, en effet, qu'une facile entente puisse s'établir entre le très-petit nombre de propriétaires qui limitent un cours d'eau, et cette entente-là, on peut, sans céder au sentiment d'une trop grande ingénuité, la croire vraiment cordiale, lorsqu'on songe qu'elle est inspirée par un même intérêt et qu'elle repose uniquement sur l'abandon d'un terrain qui n'a pas encore été fécondé par la main des hommes. Mais en France où la propriété est fractionnée à l'infini, en France où une population, croissant chaque jour en nombre et en activité, a porté la culture et la fécondité sur les bords des cours d'eau les plus impétueux et les plus difficiles à contenir, je ne crains pas d'affirmer qu'il ne reste aucune chance de succès pour assurer sur une vaste échelle l'exécution du système d'endiguement proposé. A l'appui de cette opinion, je ne parlerai pas du concours infini de réclamations que ferait naître la seule tentative de rappeler à la misérable condition d'oseraies d'immenses terrains appropriés aux plus riches cultures, à force de dépenses et de labeurs. Je ne dirai rien non plus du nombre des procédures, de l'énormité des frais : de la longueur des délais qu'enfanteraient nécessairement ces réclamations. Il me suffira de faire remarquer que l'indispensable transformation des terres en bois, dans les intervalles destinées à être envahies par la rivière, aurait le grave inconvénient d'accroître la dépense des syndicats en raison inverse de la diminution qu'elle ferait éprouver à leurs revenus. Que cette transformation ne saurait cependant s'opérer qu'à la faveur d'une indemnité préalable et largement calculée. Que le rachat des sommes énormes imprudemment engagées sur les bords de chacun des cours d'eau qui sillonnent la France, réunis aux frais de construction des trois digues au moins qu'il s'agirait d'édifier sur chacune des rives de chacun de ces cours d'eau, nécessiterait l'emploi d'un capital bien supérieur à celui que doit absorber l'établissement du vaste réseau de chemins de fer dont notre pays doit être un jour doté. Que ce capital ne pourrait être réalisé qu'au moyen d'un emprunt ou par la voie d'un impôt. Qu'on ne saurait croire à l'efficacité du premier moyen en faveur d'une entreprise, dont l'effet immédiat serait d'opérer une énorme diminution sur le budget de l'état, ainsi que sur le gage naturellement affecté à la restitution des sommes empruntées. Que le second ne procurerait que des rentrées lentes et difficiles, que ces rentrées absorbées par le paiement des indemnités ne suffirait pas à l'avancement des travaux. Que ces derniers, mollement poursuivis, et par conséquent incomplets, resteraient exposés pendant long-temps à la fureur des eaux. Qu'en cet état il ne faudrait rien moins que trois ou quatre générations pour accomplir dans son ensemble cette vaste combinaison de défense, et qu'enfin les populations, courbées pendant de si longues années sous le poids d'une énorme charge, auraient encore à courir le très-grave et très-sérieux danger de voir le système tout entier réprouvé, avant sa réalisation, par un effet de cette fluctuation inhérente et si familière à l'humaine pensée.

Abandonnons donc le soin de suivre le système des digues échelonnées aux peuples qui peuvent obtenir, en boisant des rivières infertiles, un bénéfice égal à la perte que l'application de cette idée sur des terres cultivées nous ferait éprouver à nous-mêmes, et cherchons une solution plus efficace au problême de l'exhaussement successif des eaux et du retour plus fréquent des inondations. Cette recherche fera le sujet du paragraphe suivant.

# § III.

*C'est dans une exacte appréciation du volume des eaux et dans une nouvelle restriction du droit de défense qu'il faut chercher les éléments d'une entière sécurité.*

J'ai dit que l'avancement en arrière des travaux défensifs et la solution de continuité arbitrairement admise entre eux, sont la cause du plus fréquent retour des inondations.

J'ai dit aussi que ces deux faits, qui constituent la base de notre système d'endigage actuel, sont l'inévitable conséquence de la marche imprimée par la force des choses au développement de la prospérité publique.

Ne résulte-t-il pas de là l'impossibilité de lutter contre un mal qui dérive d'une aussi puissante origine? Comment parvenir à l'interversion de faits aussi naturellement classés entre eux? Comment faire jamais que les pays les plus pauvres soient les premiers à créer des travaux de défense dont leur agriculture serait également impuissante à recueillir le bénéfice et à payer la dépense? On rencontre en vérité de si graves obstacles en suivant par la pensée le plan d'une attaque directe contre les causes auxquelles j'impute les inondations, que l'on ne tarde pas à comprendre l'indispensable nécessité de les combattre par des moyens détournés.

Au lieu donc de poursuivre le funeste système actuel où d'en vouloir corriger les effets en demandant l'impossible, c'est-à-dire le commencement des travaux vers les sources et leur continuation en avançant vers les embouchures, de manière à pouvoir, sur chaque point, proportionner la largeur des lits d'écoulement et la hauteur des défenses au volume dorénavant immuable dont la canalisation supérieure indiquerait la mesure, pourquoi ne pas confier le soin de rechercher et de marquer les limites de cette mesure à la science hydraulique elle-même?

Il lui est facile d'apprécier l'espace cubique que doit

occuper un volume d'eau, eu égard à la rapidité des pentes qu'il parcourt et à la largeur du lit qu'il occupe, puisque : *Le débit est toujours égal au produit de l'aire de la section par la vitesse d'écoulement.*

Ce point posé, la théorie destinée à prévenir les inconvénients de la marche rétrograde, est facile à saisir. Que l'on ouvre un compte à chaque cours d'eau. Qu'à partir des sources, c'est-à-dire des torrents les plus élevés, on descende successivement vers les rivières et vers les fleuves, en constatant, au moyen d'une enquête et à la faveur de reperts naturels généralement connus dans chaque localité, le volume des plus fortes crues dont la génération actuelle conserve la mémoire. Que l'on poursuive une semblable instruction de manière à emprunter à l'avenir les enseignements que l'on aurait en vain réclamés au passé. Alors, au moyen d'un simple calcul, on pourra sûrement déterminer qu'elle est la plus grande consistance du liquide débité sur chaque point de chacun des cours d'eau qui sillonnent la France. Alors on pourra dire aussi quel doit être l'accroissement dont les endiguements supérieurs imprimeront un jour le caractère sur chacun de ces points, par l'effet de cette inévitable intumescence qu'il est dans leur nature d'occasionner. Alors enfin le problème de la cessation des inondation sera en partie résolu, puisque les hommes chargés d'en prévenir le retour pourront assigner d'insubmersibles limites aux canalisations, dont l'état de la prospérité publique marquerait la place, et qu'ils n'auront plus qu'à lutter contre l'exhaussement futur des lits, dont j'ai démontré que la solution de continuité des travaux est une cause inévitable.

J'arrive aux effets de cette cause. Je sais qu'on peut les prévenir par un moyen fort simple..... par l'exhaussement successif des travaux de défense. C'est ainsi que depuis des siècles furent conservées les digues qui protégent la Lombardie contre l'intumescence que l'élévation continuelle du plafond de l'Adige et du Pô impriment aux eaux de ces deux rivières ; mais, outre que ce moyen épuise à l'excès les populations obligées de recourir à son application, il me semble devoir faiblir infailliblement un jour contre la persistante activité des eaux, et à ce double titre j'estime qu'il ne saurait être pris en sérieuse considération.

D'un autre côté, lorsque je considère qu'il n'est pas une seule époque, dans la longue suite des temps, qui n'ait transmis à la nôtre le témoignage matériel du violent entraînement des eaux ; lorsque je remarque qu'il n'est pas un seul point du globe où l'on n'en rencontre les traces, ma raison découragée se refuse à admettre la possibilité d'en voir jamais tarir la source.

Je le dis donc avec une entière conviction : il n'est plus qu'un seul moyen qui me paraisse devoir être adopté avec quelque chance de succès. Ce moyen consisterait à agir avec autorité sur la force d'entraînement elle-même. Je voudrai la soumettre à une discipline inflexible ; l'obliger à respecter les lits uniquement réservés à l'écoulement des eaux, et la contraindre enfin à n'étaler ses funestes déjections que vers les places qui lui seraient assignées par avance. On comprend qu'étant alors donnés, les points destinés à être exhaussés, l'exhaussement cesserait d'être un sujet de ruine pour les travaux inférieurs, par cette raison qu'il cesserait aussi d'être pour leurs constructeurs un sujet de surprise.

Mais pour faire comprendre la possibilité de traduire en action toute cette théorie, il est indispensable que je rappelle quelques-unes des conditions qui servent à déterminer la force d'entraînement à laquelle je propose d'infliger une salutaire contrainte.

Les éléments les plus directs de la force d'entraînement sont :

1° La rapidité des pentes ;

2° Le resserrement des eaux.

A peine est-il nécessaire d'invoquer une démonstration à l'appui de cette vérité.

La rapidité des pentes facilite la locomotion des matières immergées, en provoquant l'accomplissement des lois qui président à la chute des corps.

Le resserrement des eaux accroît d'ailleurs la puissance d'impulsion qu'elles exercent sur un espace déterminé, en ajoutant au poids avec lequel elles pèsent sur ce même espace.

Partout où coexistent ces deux éléments, l'expulsion des matières déplacées et le maintien des anciens niveaux sont choses également certaines. Partout, au contraire, où les pentes décroissent et où les berges s'élargissent, les dépôts commencent et les lits s'élèvent.

Le parti que la science peut tirer de l'immuabilité avec laquelle s'accomplissent de semblables lois, est à présent facile à comprendre. Car, comme on sait qu'il lui est toujours possible d'accroître ou de diminuer la rapidité des pentes, par l'abréviation ou le prolongement des parcours, et d'imprimer un plus grand ou un moindre resserrement aux eaux, à la faveur des travaux accomplis sur leurs rives, on voit de suite qu'elle peut devenir la souveraine dispensatrice de toutes les déjections, en les obligeant à se répandre sur un ou plusieurs points, à l'exception de tous les autres.

Cette puissance étant bien démontrée, je veux essayer de dire quel devrait être le mode général de son application.

Un cours d'eau étant donné, la première précaution à prendre consisterait à apprécier la masse de ses déjections ainsi que l'espace qu'il serait indispensable de consacrer à leur réception.

On apporterait ensuite le plus grand soin à désigner les lieux qui seraient en même temps les plus propres à cette destination, et dont l'abandon serait le moins onéreux à l'agriculture. On en marquerait de préférence la place pour les rivières torrentielles et pour les torrents proprement dits, en aval des étranglements qu'on retrouve si fréquemment sur les bords de ces sortes de cours d'eau, et on en établirait également vers tous les confluents dont l'élévation et le resserrement des berges affecterait une semblable disposition.

Ces lieux seraient voués à une éternelle immersion.

On déterminerait après cela les dimensions des endiguements futurs d'après les règles que j'ai proposées pour prévenir les inconvénients de la marche rétrograde.

Enfin un plan et un projet du tout serait régulièrement dressés, et une ordonnance royale rendue en la forme des réglements d'administration publique en sanctionnerait irrévocablement les dispositions.

Alors au lieu d'autoriser, comme aujourd'hui des travaux qui n'ont entre eux aucune espèce d'harmonie, des trevaux dont les uns provoquent et finissent par entraîner la ruine des autres, on suivrait avec quiétude une marche dont les effets soigneusement prévus se prêteraient un salutaire et mutuel appui.

La capacité des canalisations deviendrait l'exacte mesure, non plus seulement du volume actuel des eaux, mais encore de celui qu'exprimerait l'intumescence occasionnée par cette marche rétrograde et discontinue dont j'ai décrit les effets.

Les lits de déjection convenablement disposés exonèreraient, en facilitant aux eaux une divagation propre à favoriser leurs dépôts, les canaux d'écoulement de cette masse de pierraille et de boue, qui provoque la submersion des défenses par l'exhaussement des plafonds.

Toujours situés en aval des étranglements naturels et par conséquent insubmersibles, ces lits de déjection pourraient impunément atteindre de grandes hauteurs, et les eaux épurées, s'élançant du point culminant formé par le cône tronqué dont ils affectent en général la forme, acquerraient un surcroît de rapidité, qui leur permettrait de nettoyer avec plus d'énergie les canalisations inférieures, en chassant le surplus de leurs dépôts vers les autres lits de déjection au travers desquels il leur serait réservé de s'épurer encore.

Quelques esprits s'effraieront peut-être des détails qu'exigerait la combinaison d'un semblable projet apliqué à tous les cours d'eau du royaume. Pour mon compte.

je n'en considère que l'utilité, et lorsque je compare la
différence des précautions qui se font remarquer entre
l'administration de la police destinée à assurer la viabi-
lité des routes, et celle qui a pour objet le libre écoulement des eaux, je ne puis m'empêcher de constater la
nécessité de relever cette dernière de l'état d'infériorité
auquel elle semble condamnée.

Veut-on créer une route? Avant de fixer la classe dans
laquelle elle sera rangée, on s'enquiert avec une juste
anxiété de l'étendue des besoins qu'elle doit satisfaire.

On sait par avance le nombre de bêtes de trait et presque celui des piétons qui emprunteront chaque jour son
parcours, les poids qu'elle supportera, les défoncements
qu'ils occasionneront, le cube des empierrements destinés à les combler ; tout cela est exactement calculé. La
chaussée terminée, est-elle livrée à la circulation? aussitôt
les encombrements de toute nature sont sévèrement pros-
crits, et l'on punit jusqu'au simple stationnement des
voitures admises à la circulation. Enfin, grâce à toutes
ces précautions, le service public est largement satisfait
et les routes toujours faciles n'inondent pas les champs
voisins d'une surabondance de transit.

Pour les rivières, au contraire, tout est abandonné
aux chances du hasard, et il existe presque autant de
variété entre les décisions relatives à la canalisation du
même cours d'eau, qu'entre les demandes des propriétaires intéressés aux constructions des défenses. Il faut
absolument faire cesser un pareil état de choses, et s'il
était vrai que le personnel du corps savant des ponts-et-
chaussées ne pût suffire aux exigences du plan proposé,
mieux encore vaudrait appeler à son aide le corps fort

estimable aussi des ingénieurs civils, que d'en accepter le douloureux sacrifice. Aussi ne vois-je en cela aucune difficulté sérieuse. Ce que je conçois mieux, c'est qu'il soit plus malaisé de s'entendre sur les règles en vertu desquelles on interdirait à certains riverains le droit de conquête en les obligeant à laisser sans défense les plages destinées à former les lits de déjection. Je tâcherai donc d'apprécier ces règles le plus brièvement possible dans le suivant et dernier paragraphe.

# § IV.

*Pour atteindre le but proposé il faudrait appliquer, sur une base plus large, les principes législatifs qui sont déjà consacrés par la sagesse de nos lois, touchant la transmission et la réception des eaux dans les limites d'un étroit voisinage.*

Lorsqu'on se place au point de vue à la faveur duquel j'ai envisagé jusqu'à présent ce qui touche aux inondations et aux endiguements, on est nécessairement conduit à se demander à quel titre on refuserait aux propriétaires des plages désignées pour servir de lits de déjection, la faculté de défendre leur héritage, comme les autres riverains, contre l'invasion des eaux.

Serait-on contraint d'agir auprès d'eux par voie d'expropriation pour cause d'utilité publique, ou les déclarerait-on soumis vis-à-vis de la société à l'une de ces servitudes qui dérivent de la position des lieux, et qui ne donnent pas même le droit de prétendre à une simple indemnité ?

Je me hâte de le dire : s'il était nécessaire de recourir au premier de ces deux moyens, il serait extrêmement à craindre de voir tous les principes sur lesquels repose une heureuse théorie, échouer long-temps encore contre des difficultés d'exécution au milieu desquelles les embarras financiers apparaîtraient au premier rang. Il est au contraire aisé de prouver que le second, exempt de toute pareille entrave, trouve dans l'ensemble des lois une solution qu'il serait facile de rendre plus authentique encore.

Quelqu'étendu que soit le droit sacré de propriété, qui consiste à jouir et à disposer des choses de la manière la plus absolue, ce droit a aussi ses limites, et l'article 544 du code civil porte qu'elles ressortent des prohibitions contenues dans les lois ou dans les réglements. Or, il n'est pas indistinctement permis aux intérêts privés d'élever contre les cours d'eau des travaux destinés à les utiliser ou à les combattre. Les lois du 12 août 1790, 6 octobre 1791, 14 floréal an 11, 16 septembre 1807, et une foule d'autres dispositions législatives, ont apporté en cette matière une très-sérieuse et très-expresse modification aux principes du droit commun.

Toujours juges de leur intérêt, mais dépouillés de la faculté d'en poursuivre arbitrairement l'exercice, même sur leur propre sol, les propriétaires riverains d'un cours d'eau sont obligés de soumettre les projets de leurs travaux à l'administration, qui peut refuser de les sanctionner. Quant à cette dernière, chargée de prévenir la trop grande élévation des eaux, et de veiller à ce qu'elles ne nuisent à personne, elle doit uniquement chercher les motifs de son approbation ou de ses refus dans les conditions les plus propres à favoriser le développement de la prospérité publique. Ainsi, pour obtenir que des digues ne soient pas élevées devant les lits de déjection, il n'est pas même nécessaire d'une *prohibition*, il suffit *d'un refus d'autorisation*.

Voilà donc une première circonstance de laquelle il résulte que ma théorie trouve une efficace sanction dans les règles du droit administratif. Je vais montrer que nonobstant une apparence contraire, elle est également conforme à celle du droit civil proprement dit.

Aux termes de l'article 640 du code Napoléon, les fonds inférieurs sont assujettis, en faveur de ceux qui sont plus élevés, à recevoir les eaux qui en découlent naturellement sans que la main des hommes y ait contribué ; mais, par contre, le propriétaire supérieur ne peut rien faire qui aggrave la servitude du fonds inférieur.

Ici je trouve, de prime abord, une sanction bien plus complète encore de toutes les idées que j'ai émises ; car la réciprocité des secours et des obligations que je veux imposer aux propriétaires de l'amont et de l'aval, y est textuellement écrite. Il est vrai que la jurisprudence n'a jamais étendu l'application de l'article précité au-delà des limites d'un étroit voisinage. Il est vrai qu'en l'état on la presserait en vain de faire remonter la responsabilité d'une inondation à la cause qui l'aurait produite, lorsqu'on est obligé de rechercher cette cause à de grandes distances. Mais pourquoi cela ? C'est parce que les tribunaux ne possèdent en l'état aucun des éléments nécessaires pour apprécier l'influence qu'exercent, au loin, des travaux effectués sur les rives des cours d'eau; de sorte que cette restriction apportée par la jurisprudence au développement du principe proposé, loin d'en être une dénégation n'exprime que la difficulté de son application.

Malgré toute objection contraire, le principe de la réciprocité entre les propriétaires de l'amont et de l'aval existe donc dans ses plus larges limites et cela suffit pour la justification d'une théorie fondée sur son exacte application.

Quant aux difficultés de cette application, elles disparaîtront nécessairement lorsque, de conformité à mon projet, un réglement d'administration publique fondé sur les enseignements de la science et la connaissance des faits sera venu offrir aux tribunaux les éléments de conviction qui leur manquent aujourd'hui, et dont l'exacte connaissance peut seule assurer l'accomplissement de l'une des plus sages de nos dispositions législatives.

## CONCLUSION.

Les idées que je viens d'émettre sont des idées d'en semble, je n'ai pas eu la prétention d'entrer dans tous les détails d'exécution. Si elles ont une partie seulement du mérite que je leur attribue, mieux que moi les hommes spéciaux sauront en faire ressortir l'efficacité.

FIN.